AF318283

CONFÉRENCES FAMILIÈRES

FAITES AUX ADULTES

AUX OUVRIERS DES CAMPAGNES

SUR LES

PRINCIPALES LOIS PHYSIQUES

QUI RÉGISSENT LA VIE DU CORPS HUMAIN.

12ᵉ CONFÉRENCE.

PAR

CH. FOLLIN,

Ancien Officier, Chevalier de la Légion-d'Honneur,
Délégué cantonal pour l'instruction primaire.

NANCY,

VAGNER, IMPRIMEUR - LIBRAIRE - ÉDITEUR,
RUE DU MANÉGE, 3.
1875.

CONFÉRENCES FAMILIÈRES

FAITES AUX ADULTES

ET AUX OUVRIERS DES CAMPAGNES

SUR LES

PRINCIPALES LOIS PHYSIQUES

QUI RÉGISSENT LA VIE DU CORPS HUMAIN.

12^E CONFÉRENCE.

PAR

CH. FOLLIN,

Ancien Officier, Chevalier de la Légion-d'Honneur,
Délégué cantonal pour l'instruction primaire.

NANCY,

VAGNER, IMPRIMEUR - LIBRAIRE - ÉDITEUR,
RUE DU MANÉGE, 3.
1875.

AVANT-PROPOS.

La bienveillance avec laquelle ont été ac-
cueillies quelques conférences familières,
faites aux adultes et aux ouvriers dans le
canton de Lamarche (Vosges), semble nous
engager à publier le dernier de ces entretiens.

Peut-être présentera-t-il, à notre époque,
au moins un intérêt d'actualité.

On doit, il est vrai, pour comprendre en-
tièrement le texte, connaître la valeur de
certains mots scientifiques qui ont été ex-
pliqués dans les entretiens précédents ;
mais ces mots sont en petit nombre et assez
généralement connus du reste.

L'introduction, faite pour toutes les conférences familières, a paru devoir être pu-
bliée en entier, afin de mieux déterminer
le sens de ce 12e entretien qui forme en
quelque sorte une conclusion à l'ensemble
du sujet.

En tous cas nous essayons ici, par un té-
moignage de bonne volonté, de nous unir
aux personnes qui s'intéressent à l'instruction et à l'éducation populaires, cette grande
cause, si digne, à tous égards, d'une réelle
sollicitude.

INTRODUCTION.

Les progrès de la science moderne et l'importance toujours croissante de ses applications ne permettent à personne de rester étranger aux principales lois de la nature. Le jeune homme ne peut plus les ignorer sans se condamner, par cela même, à une infériorité réelle, soit comme agriculteur et ouvrier agricole, soit comme ouvrier industriel et employé de chemin de fer, soit encore comme soldat pendant la durée du service qu'il doit à son pays.

Ne sommes-nous pas du reste, dans les circonstances difficiles que nous traversons, obligés d'honneur à un travail sérieusement réparateur et ne devons-nous pas tous, dans la mesure de nos forces, apporter notre concours de bonne volonté à l'œuvre de la régénération nationale ?

Choisissant donc parmi les notions de la science celles qui sont plus directement utiles et trop généralement négligées, nous allons essayer d'une façon élémentaire, accessible à tous, l'étude si digne d'intérêt des *principales lois physiques ou naturelles qui déterminent les conditions indispensables à l'entretien de la vie et à une vigoureuse constitution.*

Nous aurons ainsi l'occasion de parcourir utilement, quoique avec rapidité, le domaine de plusieurs sciences. En effet, que faut-il à l'homme pour vivre ?... *De l'air, de la chaleur, de la lumière, de la nourriture et du travail,* en même temps qu'un corps *convenablement constitué.*

Nous étudierons en conséquence, avec plus ou moins de développements suivant leur importance respective, les *propriétés physiques et chimiques* de l'air, de la chaleur, de la lumière, les propriétés chimiques *de l'oxygène, de l'hydrogène, de l'azote et du carbone,* quatre *corps simples* qui, composant l'air et l'eau, se présenteront dans leur étude et sont ici d'autant plus de circonstance qu'ils forment les principaux *éléments* de toutes les substances alimentaires.

Nous serons amené en même temps, dans la suite naturelle que le sujet comportera, à établir brièvement quelques notions d'*anatomie* et de *physiologie* concernant l'organisation du corps humain et la description raisonnée des *fonctions de nutrition* ainsi que certaines règles d'*hygiène* pour l'entretien de la santé dans les conditions les meilleures.

Enfin, après avoir examiné la *valeur nutritive des aliments principaux* (solides et liquides), nous essaierons quelques considérations sur l'importance du *travail* et *l'hygiène morale* ou l'influence du moral sur le physique.

Notre but sera suffisamment atteint si, par une suite de considérations simples et sans le secours d'un matériel spécial d'expérimentation pour la physique, la chimie, l'anatomie, etc..., le jeune homme et l'ouvrier, éloignés jusqu'alors de ces études, se trouvent en possession de diverses notions utiles à tous, s'ils sont surtout excités à s'occuper avec plus de développements de ces intéressantes matières et disposés, en *comprenant* les sages avertissements de l'hygiène, à éviter des imprudences aussi dangereuses qu'inexcusables (1).

(1) A ceux qui s'étonneraient de nous entendre parler d'hygiène, nous répondrions par la remarque suivante que **M.** Louis Figuier fait, en conformité avec notre essai, dans sa revue scientifique de l'année 1873 (page 157) : « La pensée qui domine aujourd'hui est moins de cultiver » les sciences physiques et naturelles pour elles-mêmes que » de les appliquer... Le grand développement donné » partout aux observations scientifiques en général a pour

Nous citerons textuellement certains passages d'ouvrages sérieux et modernes faits par des professeurs, des docteurs ou des physiologistes, de manière que les points délicats de la science, de l'hygiène et de la vérité morale soient traités directement par des auteurs connus et à juste titre estimés.

Un écrivain a pu dire judicieusement : « Nous avons coutume d'agir » avec la personne qui nous aime et » que nous aimons comme avec la » santé ; nous ne savons l'apprécier » à sa valeur qu'après l'avoir perdue. »

» but de combattre les fléaux qui assiégent l'humanité. La » science veut non-seulement conjurer ces dangers, mais » aussi les prévenir. » Notre hygiène, exclusivement *préventive* et formant l'application naturelle de certaines lois physiques, est donc le complément nécessaire de toute éducation scientifique élémentaire.

A notre époque du reste, et bien plutôt qu'un changement d'uniforme ou d'équipement, l'hygiène publique, préparant une jeune génération vigoureuse, ne s'impose-t-elle pas à la pensée de tous ceux qui veulent la force et la grandeur du pays ?

En faisant votre profit de cette double critique et en soutenant la cordialité de nos entretiens familiers par une bienveillante attention, puissiez-vous, mes amis, acquérir quelques notions pratiques de la science élémentaire et mieux apprécier les richesses d'une bonne constitution, les réels avantages que, dans sa sollicitude, la Providence ménage souvent aux moins favorisés de la fortune !

Puissiez-vous aussi vous convaincre de l'*heureuse* nécessité du travail et ne jamais oublier les devoirs que vous imposent les malheurs de notre chère patrie !

La santé est le plus précieux capital confié par Dieu à votre vigilance... vous en êtes donc responsables envers vous-mêmes pour la meilleure intelligence de votre bonheur... envers vos familles qui attendent de votre travail, sinon le pain de chaque jour, du moins l'aisance et une honorable tranquillité... Enfin, vous en êtes responsables envers la patrie qui, au moment du danger, compte sur vous pour défendre le sol natal.

Ce n'est pas seulement, il est vrai, la force matérielle qui peut assurer l'avenir, c'est surtout par l'âme et par le cœur que la France retrouvera sa glorieuse prospérité ; vous le comprenez déjà, j'en suis sûr ; vous ne vous étonnerez donc pas qu'en parlant de sciences naturelles, nous parlions aussi quelquefois de l'âme et de sa destinée...

TRAVAIL. — HYGIÈNE MORALE.

Coup d'œil sur l'ensemble de la merveilleuse machine qui produit le travail musculaire et qu'on appelle le corps humain. — Rôle important des os. — Action des sens. — Constitution des muscles. — Avantages de l'exercice musculaire. — Exercices les plus utiles. — Loi du travail, à la fois austère et miséricordieux. — Un paresseux est le frère d'un mendiant. — Le travail offre la plus sûre garantie de bonheur. — Travail d'esprit et travail manuel. — Respect dû à chacun d'eux. — L'homme se compose de l'esprit et du corps qui doivent rester en accord et harmonie.

Influence incontestable du moral sur le physique. — Satisfaction de la faim et de la soif. — Problème de la misère. — Influence des sens sur la santé. — Amour maternel et paternel. — Grave question de la dépopulation en France. — Fausse prévoyance des parents et remèdes possibles à cette situation. — Mesures à prendre pour combattre une mortalité relativement trop considérable dans certains départements. — Physiologie sociale. — Influence exercée aussi sur la santé par l'amour du prochain et par l'amour de la patrie. — Extraits de discours remarquables prononcés à Paris et à Besançon. — Energiques appréciations des devoirs que nous imposent les malheurs de la France. — Solution morale donnée aux problèmes actuels par le doyen de la Faculté des Sciences de Nancy.

Enfin, rapports qui unissent l'hygiène au sentiment de notre dignité, au sens religieux. — Conclusion.

Nous avons à examiner dans ce dernier entretien l'exercice musculaire, le travail en général, en terminant par quelques considérations d'hygiène morale.

Il y a donc lieu de jeter un coup d'œil rapide sur l'ensemble de cette merveilleuse machine qui produit le travail musculaire et qu'on appelle le corps humain.

Tout d'abord, ne reconnaissons-nous pas la noblesse de la destinée de l'homme dans cette stature majestueuse, cette démarche fière et hardie, ce front découvert, ces yeux expressifs dirigeant naturellement leurs regards vers le ciel ?.....

Par son mécanisme admirable, le corps

humain réunit la délicatesse et la force, la légèreté et la solidité. C'est « une machine
» vivante, mais dont tous les ressorts sont
» intérieurs et dérobés à l'œil, tandis qu'au
» dehors on ne voit qu'une décoration à la
» fois simple et magnifique, où sont rassem-
» blés et le charme des couleurs et la beauté
» des formes et l'harmonie des propor-
» tions (1). »

Les os, par leur solidité et leurs articu-
lations ou jointures, forment la charpente
de ce bel édifice.

Ils sont disposés avec une sage providence pour se mouvoir facilement et pour
protéger, sous une forme particulière, les
organes essentiels à la vie :

Le *crâne*, à la fois palais et château-fort,
loge et protège le cerveau qui est le siège
de l'âme.

Occupant la partie supérieure de l'édifice,
le cerveau semble mieux placé ainsi pour
exercer la surveillance et le commandement.

La colonne vertébrale soutient et con-

(¹) *Leçons de la nature*, par Cousin Despréaux, page 4.

duit les nerfs, qui doivent établir une liaison intime entre toutes les parties du corps et transmettre les ordres de l'àme , ordres mystérieusement donnés , il est vrai (1), mais qui n'en sont pas moins exécutés avec une soumission parfaite, sans jalousie d'aucune sorte.

Les *côtes* formant, avec la colonne vertébrale, la cavité thoracique , protégent le cœur et les poumons, ces deux foyers de vie dont nous avons parlé en faisant la description des fonctions de nutrition.

Les *sens*, c'est-à-dire la *vue*, l'*ouïe*, le *toucher,* l'*odorat,* le *goût* mettent l'àme en communication avec le monde extérieur, par l'intermédiaire des nerfs et la description de leurs organes, de l'œil, de l'oreille, par exemple, fournit à l'observateur le plus froid un véritable sujet d'admiration.

(1) Qui se chargerait d'expliquer comment l'âme, principe immatériel, peut agir sur les muscles et les os, ces leviers matériels ?... C'est le mystère de l'union de l'âme et du corps, analogue à celui que nous avons reconnu dans le principe de la circulation du sang, de la respiration, etc... C'est le mystère de la vie qu'on pourrait constater à chaque instant dans l'étude de notre organisation.

Enfin, les *muscles*, parties charnues cons·tituant les formes de notre corps, sont composées de *fibres* qui s'attachent d'un os à l'autre et qui peuvent se contracter pour imprimer à ces os le mouvement. De là l'extrême mobilité des membres.

L'exercice ou le travail manuel est donc le mouvement actif et volontaire dû à l'action des muscles et des membres.

Nous avons reconnu que les muscles *respirent* d'une manière analogue au poumon en développant de la chaleur et de l'électricité, c'est-à-dire qu'ils absorbent de l'oxygène et rendent de l'acide carbonique par l'intermédiaire du sang.

Mais pendant la contraction, le muscle absorbe une quantité d'oxygène beaucoup plus grande que lorsqu'il est en repos, parce que le sang y afflue plus vite... Il en résulte une modification dans la vitalité du muscle qui, en même temps, augmente de volume ; c'est ce que prouvent, par leur développement considérable, les parties du corps qui travaillent le plus, par exemple : les bras du boulanger, les jambes du chasseur.

Or, la force d'un individu étant en raison directe de la masse musculaire dont il dispose, la meilleure manière d'augmenter cette force sera évidemment de solliciter par l'exercice l'accroissement des muscles.

La matière azotée qui est l'essence même de la chair ou des muscles devient plus considérable aussi sous l'influence de la contraction musculaire, comme le démontre l'expérience racontée par le docteur Gallard dans ses *Entretiens sur l'hygiène* au point de vue des instituteurs :

« Les muscles jouissent de la propriété
» de se contracter, sous l'influence de l'é-
» lectricité, même pendant un certain temps
» après la mort de l'animal auquel ils ont
» appartenu. Cette propriété n'est chez nul
» autre animal plus évidente que chez la
» grenouille, laquelle peut vivre — passez-
» moi l'expression — même fort longtemps
» après avoir été tuée, si bien qu'après
» l'avoir coupée transversalement en deux,
» il n'est pas rare de voir le train de devant
» et le train de derrière sautiller chacun de
» son côté. On a pris le train de derrière
» d'une grenouille ainsi détronquée; on a

» parfaitement isolé ses deux cuisses l'une
» de l'autre ; puis on a sollicité de nom-
» breuses contractions musculaires dans
» l'une de ces deux cuisses, en y faisant
» passer de 400 à 500 décharges électriques,
» tandis que l'autre membre restait en repos.
» Cela fait, on a analysé comparativement
» la chair musculaire des deux cuisses et
» on a trouvé que celle qui avait agi renfer-
» mait de 24 à 38 centièmes de matière
» azotée de plus que celle qui était restée
» au repos (1). »

En résumé, il se produit dans le muscle
qui se contracte un travail intime qui mo-
difie très-avantageusement sa composition
en agissant autant sur la qualité que sur la
quantité de la substance qui le compose.

Nous savons déjà que la matière azotée
est la matière nutritive par excellence, et
« puisque nous la trouvons plus abondante
» après l'exercice, nous en devons conclure,
» dit le même docteur Gallard, que la chair
» des animaux qui ont travaillé est préfé-

---

(1) *Conférences pédagogiques* (1ᵉ partie), page 291.

» rable, pour l'alimentation, à celle des ani-
» maux qui ont été élevés exclusivement
» pour l'engraissement et pour l'abattage.
» C'est ce qui vous explique pourquoi les
» riches anglais abandonnent à la consom-
» mation du peuple leurs magnifiques dur-
» hams qui ressemblent à de véritables
» boules de graisse, et font venir, pour leur
» usage personnel, du bétail d'Ecosse ; pour-
» quoi le lièvre de montagne est préférable
» au lièvre de la plaine ; pourquoi le gibier
» est plus savoureux que la viande de basse-
» cour (1) ? »

Afin que certains muscles n'aient pas un développement exagéré et ne détruisent pas l'harmonie de l'ensemble, l'exercice le plus réellement utile sera celui qui permettra de contracter à peu près tous les muscles, par exemple : la natation, l'équitation, le travail agricole.

La gymnastique, utile dans certains établissements d'éducation plus ou moins restreints, est remplacée avantageusement

______

(1) *Conférences pédagogiques* (1ʳᵉ partie), page 291.

à la campagne par l'exercice que prennent
en toute liberté nos écoliers qui choisissent
le chemin le plus long pour venir en classe,
franchissent les haies, grimpent aux ar-
bres, etc.

Au nombre des exercices corporels à re-
commander, nous ne pouvons passer sous
silence le maniement du fusil qui est main-
tenant tout à-fait de circonstance depuis la
nouvelle organisation militaire, et, pour ne
pas être suspect de partialité, nous laissons
encore la parole au docteur Gallard : « Cet
» exercice, dit-il, a, entre tous, l'énorme
» avantage de permettre à celui qui s'y
» livre la mise en action simultanée et par-
» faitement coordonnée de chacune des
» parties du corps. L'arme a un certain
» poids, elle passe successivement d'un bras
» à l'autre ; pendant ces mouvements les
» jambes sont alternativement ramenées,
» soit en avant, soit en arrière, pour rétablir
» l'équilibre. Cette nécessité de se tenir en
» équilibre, en manœuvrant un objet aussi
» lourd, détermine dans les muscles du
» tronc et du cou des contractions qui les
» font participer, dans une juste mesure,

» aux mouvements exécutés par les membres.
» Enfin, rien n'est plus susceptible de déve-
» lopper l'adresse et de donner de la préci-
» sion aux mouvements, que cette habitude
» de manœuvrer les uns à côté des autres,
» sans s'entraver mutuellement (1). »

Outre ses effets locaux sur les muscles, l'exercice produit encore d'autres résultats : la respiration s'active en même temps que la circulation, la poitrine se dilate plus profondément ; la sueur qui survient a même, quand elle n'est pas trop abondante, une action efficace sur l'ensemble de l'organisme. Enfin, comme nous l'avons vu, l'exercice, lorsqu'il n'est pas pris immédiatement après le repas, favorise la digestion. Il est donc, en général, d'une importance extrême.

Nous arrivons naturellement à la grande loi du travail :

« La loi du travail, dit le professeur Fons-
» sagrives, est une de celles qui sont le plus
» profondément inscrites dans les entrailles
» de l'humanité ; celui qui y manque fausse
» sa destinée, frustre la société qui ne de-

(1) *Conférences pédagogiques* (1ʳᵉ partie), page 299.

» vrait pas avoir de membres inutiles, ar-
» rive au mécontentement de lui-même et
» tourne le dos au bonheur et à la santé. A
» en juger par le châtiment des hommes qui
» l'éludent, le travail, qui est sans doute une
» loi d'expiation, apparaît aussi comme une
» loi d'amour. Celui qui ne dépense pas
» dans le travail toute son activité la voit se
» replier en lui-même pour y produire des
» désordres de tout genre et il la gaspille
» follement dans des excès qui ne laissent
» pas longtemps sa santé intacte. Le travail
» est donc doublement nécessaire (1). »

Oui, le paresseux frustre la société. Ne sommes-nous pas tous assis à la table commune du banquet de la vie et chacun ne doit-il pas apporter sa part, ne serait-ce qu'un hors-d'œuvre de bonne volonté? On peut rendre la même pensée par cet adage : *Un paresseux est le frère d'un mendiant.*

(1) *Entretiens familiers sur l'hygiène*, par Fonssagrives, professeur d'hygiène à la Faculté de Montpellier, page 340.

Boileau, un de nos grands poètes, a dit avec justesse :

Le travail aux hommes nécessaire
Fait leur félicité plutôt que leur misère.

Défiez-vous donc, mes amis, du mirage qui cherche à vous éloigner du travail, défiez-vous de la paresse... Elle a fait plus de victimes dans l'ordre moral et dans l'ordre physique que plusieurs fléaux réunis. La forme séduisante qu'elle sait revêtir quelquefois doit surtout vous la faire redouter... défiez-vous des insinuations perfides qui vous arracheraient à vos travaux, précieux garants de force et d'honnêteté. Les bénéfices faciles qu'on vous promet se réaliseraient par d'amères déceptions... En un mot, défiez-vous du mirage trompeur des grandes villes.

Quant aux conséquences personnelles de la paresse, écoutons encore un penseur du siècle dernier :

« Perdre du temps, c'est perdre plus que
» du sang ; c'est mutiler son être ; c'est com-
» mettre un vrai suicide. Dieu a attaché le
» plaisir à l'emploi du temps, la peine à sa
» perte. Si l'ennui nous gagne, courons au
» travail, le remède est infaillible (1). »

Est-il besoin de vous dépeindre la gaieté,

(1) *Nuits d'Yung* (3ᵉ nuit). Paris, 1769.

la satisfaction qu'on éprouve quand on a
fait un travail bon et utile?... De quelque
manière qu'on s'ingénie pour être heureux,
il est certain que rien ne contribue davan-
tage à atteindre ce but qu'un travail de
choix et de goût.

Enfin, disons-le bien haut, après les su-
blimes consolations que la foi chrétienne
sait donner aux cœurs malheureux et affli-
gés, il n'en est pas de plus puissante pour
eux qu'un travail persévérant.

« Le travail, dit encore le professeur Fons-
» sagrives, se présente sous deux formes qui
» ne devraient jamais s'exclure, mais qu'on
» oppose trop habituellement l'une à l'autre :
» le travail d'esprit, le travail manuel. Elles
» se valent en dignité, car toutes deux ré-
» pondent à l'accomplissement d'une même
» loi divine et sociale, et concourent har-
» monieusement au grand œuvre de l'acti-
» vité humaine se soumettant le monde de
» la matière et celui des idées (1). »

Habitants de la campagne, sachez donc
respecter le labeur intellectuel... Si votre

____

(1) *Entretiens familiers sur l'hygiène,* page 341.

travail a le mérite de l'effort que vous faites et de la sueur que vous répandez, croyez-vous que les travaux de l'esprit ne comportent pas des efforts et du courage?...

Jadis, en un jour de sédition populaire, un illustre citoyen sut ramener la concorde et les ouvriers dans Rome par le récit de l'apologue des *membres* qui ne voulaient plus servir l'*estomac* et qui furent ainsi les auteurs de leur propre perte. La fonction silencieuse de l'estomac, vous la connaissez; c'est en quelque sorte un travail de cabinet dont vous ne contestez pas l'importance de premier ordre. Les membres auraient-ils raison de nier le mérite du travail de l'estomac ou d'essayer de s'en passer? Vous ne montrerez pas, j'en suis sûr, moins de bon sens que le peuple de Rome.

Ce qui constitue essentiellement l'homme, c'est l'union intime de *l'esprit* et *du corps* et l'on ne peut établir une trop grande prééminence de l'une de ces parties sans un réel détriment pour l'autre.

On les a comparés souvent à deux coursiers attelés au même char ou mieux à un coursier et à son cavalier dont l'union est nécessaire pour atteindre le but. Si habile que soit le cavalier, c'est-à-dire l'esprit, il resterait en route s'il ne prenait pas soin de sa monture.

On doit donc éviter l'exagération du travail dans un sens ou dans l'autre.

De tous les avantages reconnus à l'exercice musculaire il ne s'ensuit pas qu'il puisse être pris indéfiniment et sans réserve. L'excès de la fatigue est ici le revers de la médaille. Les muscles s'atrophient et se raidissent sous l'influence d'un exercice violent et immodéré ainsi que le prouve d'une manière saisissante le lièvre forcé par une meute de chiens et mourant d'épuisement.

Un exercice exagéré produit sur toute l'organisation ce que le professeur Bouchardat appelle la misère physiologique : « Quand » l'homme travaille plus qu'il ne peut, dit-il, » la circulation est trop accélérée et cette » accélération peut se traduire par des acci-» dents divers du côté du cœur et des vais-» seaux... »

La grande chaleur qui se produit alors est non-seulément gênante par elle-même et par les sueurs exagérées qu'elle cause, mais elle fait aussi une dépense extraordinaire des aliments de calorification, de telle sorte que, si à une grande fatigue succède brusquement un état de repos trop complet, la réaction ne peut plus se faire et les maladies qui sont la conséquence des refroidissements deviennent imminentes, c'est-à-dire « la plu- » part des maladies inflammatoires, telles » que rhumatisme articulaire aigu, pneumo- » nies, bronchites, etc...

» Pendant la prostration qui suit une fa- » tigue excessive, les miasmes et les effluves » des marais exercent plus facilement leur » funeste influence.

» Toutes ces raisons rendent très-bien » compte des maladies aiguës qui se déve- » loppent si souvent dans un corps de trou- » pes, chez les hommes et même chez les » chevaux, après des marches trop rapides » et successives (1). »

Nous avons établi, à propos de l'air, que le travail agricole est très-avantageux. Il faut toutefois constater, sous ce rapport, un

(1) *Le travail, son influence sur la santé,* par Bou-chardat, page 16.

excès regrettable chez quelques habitants des campagnes. On en voit qui, dans certaines saisons, travaillent nuit et jour, sans respecter même le repos du dimanche.

S'ils agissent ainsi avec courage, ils témoignent du moins, par cette âpreté au gain, peu d'intelligence pour leur plus précieux intérêt qui est le maintien de leur santé physique et morale. Est-il besoin de dire que le repos du dimanche, en permettant de rendre à Dieu l'hommage que nous lui devons, est, en même temps, indispensable à notre corps?

Quant aux graves problèmes hygiéniques qui concernent les ouvriers des villes ou des manufactures, nous n'avons pas à nous en occuper spécialement ici.

Nous ne faisons que signaler comme fort préjudiciables la concentration insalubre dans les ateliers, l'atmosphère qui s'y imprègne de vapeurs âcres ou délétères, de poussières dangereuses, de germes méphitiques, la prédominance donnée à certains muscles au détriment des autres, par suite d'un travail partiel et *d'attitudes* du corps continuellement les mêmes, les *bruits* monotones affectant, par leur persistance, le système nerveux surtout chez les femmes et les enfants qui travaillent dans les manufactures.

Nous ne parlerons pas longuement de la somme de travail d'esprit « nécessaire à » l'équilibre de la santé, » car si nos campagnards n'ont pas à se prémunir contre « la » glèbe du travail forcé de l'esprit, » il est aussi à peu près inutile de leur faire un tableau des ravages meurtriers de l'ennui avec lequel ils n'ont généralement pas à compter. Cependant, pour terminer nos réflexions sur le travail, écoutons encore le professeur Fonssagrives : « Les hommes qui vivent dans » l'oisiveté sont malheureux ou mal por- » tants, quand ils ne sont pas l'un et l'autre » à la fois. Et ce n'est pas seulement, et » d'une manière indirecte, comme préser- » vatif contre les excès, que l'activité céré- » brale a son utilité physiologique : elle est » salutaire en elle même, et elle semble im- » primer à tous les rouages de l'économie » une sorte d'impulsion qui les fait fonction- » ner avec plus d'entrain (1). » Il y a donc

(1) *Entretiens familiers sur l'hygiène*, page 366.

un « équilibre préétabli » entre les fonctions de notre corps et celles de notre esprit.

Ces considérations nous amènent directement à parler de l'hygiène morale ou de l'influence du moral sur le physique :

« L'âme, dit le docteur Descieux, quoique
» bien supérieure par sa nature aux agents
» physiques, a, comme eux, de l'action sur
» le corps humain et peut le rendre malade ;
» elle est le moteur du corps, elle lui dicte
» ses mouvements ; elle détermine tous nos
» actes ; son union avec le corps est telle-
» ment intime qu'ils sont solidaires entre
» eux, et de même que, dans l'état de ma-
» ladie du corps, les facultés de l'âme sont
» plus ou moins affectées, de même quand
» l'âme est troublée, le corps en subit une
» fâcheuse influence. C'est ce qui a été étu-
» dié et traité sous ce titre : *Influence du
» moral sur le physique*, et il est générale-
» ment reconnu que cette influence est l'ori-
» gine du plus grand nombre de nos mala-
» dies.... Il ne suffit donc pas pour être un
» homme complet, et conserver sa santé,
» d'avoir un corps sain, bien constitué et
» une intelligence bien développée ; il faut

» encore donner une bonne direction à ces
» autres facultés de l'âme que nous avons
» désignées sous le nom de facultés mo-
» rales (1). »

Le trouble des facultés de l'âme, prove-
nant de secousses violentes et prolongées,
peut, en effet, déterminer des maladies
mentales, la manie, la démence et, par la
réaction du cerveau sur nos organes, porter
le désordre parmi eux, les rendre mala-
des.

Le cœur, l'estomac, le foie paraissent être
plus particulièrement sous cette influence.
C'est ce qui faisait croire autrefois aux mé-
decins que ces organes étaient le siége de
certaines sensations morales. Ne dit-on pas
encore qu'on souffre au cœur quand on a
de la peine, que le chagrin serre l'estomac ?

Un médecin qui a une grande autorité
dans la science, le célèbre Bichat, dit lui-
même : « Ces expressions : *sécher d'envie,*
» *être rongé par le chagrin, être consumé*

(1) *Entretiens sur l'hygiène, à l'usage des campagnes,* par le docteur Descieux, professeur d'hygiène à
l'Institut agronomique de Grignon, pages 157 et 161.

» *par la tristesse*, etc., n'annoncent-elles pas
» combien les passions ont d'influence sur
» la santé ? »

Il est donc fort important de bien diriger
les facultés morales.

L'homme éprouve des sensations internes
qui l'avertissent des divers besoins du corps
et la Providence a attaché à la satisfaction
de ces besoins une jouissance sensuelle qui
en assure l'accomplissement. Il a faim, il a
soif de même que l'animal, mais il ne s'ar-
rête pas toujours comme lui à la satiété et,
en vertu de sa liberté, il peut dépasser les
besoins par gourmandise ou intempérance.
Que de fâcheux abus même sous ce rapport!
Il est triste de le dire : pendant que l'organisation des uns est quelquefois ruinée par
les privations, par la misère, celle des autres est compromise par des excès, par une
véritable intempérance...

Nous avons déjà parlé de ces derniers
excès qui causent, il faut le reconnaitre,
plus de maladies que l'insuffisance de nourriture. Un proverbe latin dit même très-
judicieusement : *Plus occidit gula quam
gladius ;* ce qui, en traduisant avec réserve

signifie : *La bouche tue plus d'hommes que le glaive.*

Sans être familiers avec le langage des anciens vous comprenez parfaitement que le mot *bouche* est faible pour rendre le sens de *gula* qu'on emploie d'ordinaire en parlant de la bouche des animaux et qui a paru applicable à l'homme dans la circonstance.

La propension à l'ivresse, surtout à celle qu'occasionne l'alcool, est un vice excessivement difficile à détruire, cependant pour guérir l'ivrogne le professeur Fonssagrives propose la méthode de la substitution du vin à l'eau-de-vie. Ce procédé est d'autant plus rationnel qu'il ménage la transition, nécessaire au point de vue organique, et qu'ensuite il offre une compensation sensuelle qui le fait accepter plus aisément.

Quant à la misère, nous avons déjà dit la préoccupation charitable qu'elle doit exciter en nous, mais il n'est pas inutile d'entendre encore sur cet intéressant sujet une voix plus éloquente et plus scientifiquement autorisée, celle du professeur Fonssagrives :

« Un éminent orateur a dit excellemment

» que la solution radicale des grands pro-
» blèmes économiques ne se trouvera ja-
» mais que dans l'ordre moral et ce mot est
» plus particulièrement applicable à celui-ci.

» Il est deux lumières qui brillent à tra-
» vers les éclipses, mais qui brillent tou-
» jours ; l'humanité les porte au front dans
» son pèlerinage à travers les siècles ; l'une
» éclaire le progrès moral, l'autre le progrès
» intellectuel. Quand ces deux pures flam-
» mes auront pris la force et l'éclat qui leur
» sont promis, il n'y aura plus de *misère*,
» mais la pauvreté existera encore. L'hygiène
» ne sera plus réduite, comme elle l'est tous
» les jours, à une énervante impuissance,
» mais elle aura toujours à compter avec des
» difficultés matérielles. Rêver autre chose,
» vouloir l'égale répartition du bien-être et
» l'attendre d'un système d'organisation so-
» ciale, c'est vouloir l'impossible, l'imagi-
» naire, l'injuste même. Il y aura toujours
» des pauvres, mais il n'y aura plus de mi-
» sérables ou bien il faut désespérer de l'hu-
» manité (1)... »

(1) *Entretiens familiers sur l'hygiène*, page 210.

Les sens qui nous font communiquer avec le monde extérieur peuvent être une cause de perversion morale et par suite d'altération physique.

La vue, par exemple, procure des émotions qui élèvent l'âme lorsqu'elle se porte sur les merveilles de la nature, sur un chef-d'œuvre exécuté par les hommes ou qu'elle offre le spectacle d'une bonne action. Elle peut au contraire blesser l'âme par des scènes de colère, de débauche et la dépraver même en l'habituant à de pareils tableaux.

Si l'ouïe nous charme par les douces et pures émotions que procure une belle musique, si elle nous fortifie dans le bien par les bons conseils qu'elle transmet, elle nous apporte d'autre part les mauvaises paroles, les conseils pervers qui altèrent notre moral.

De même le goût peut être délicat ou dépravé.

Nous ne sommes pas toujours maîtres des impressions qui nous arrivent par les sens, mais nous pouvons du moins les repousser avec courage et nous sommes coupables quand nous cédons à des entraînements déréglés qui compromettent à la fois la santé du corps et celle de l'âme.

C'est l'amour maternel et paternel qui préside à la conservation de l'espèce humaine. Ce sentiment procède d'un sens moral qui est la source d'un véritable bonheur et qui a une influence aussi grande qu'heureuse sur l'éducation des enfants, mais ce sens peut, comme les autres, être exagéré, affaibli ou perverti.

Nous ne voulons pas énumérer ici les devoirs réciproques des parents et des enfants; toutefois il est une question d'une gravité extrême que nous ne pouvons pas laisser inaperçue et nous suivons à cet égard la pensée de M. Louis Figuier exprimée dans un article sur *la diminution de la population en France :*

« Toutes les vérités sont bonnes à dire,
» surtout quand ces vérités sont tristes. Il
» faut savoir mettre à nu nos maux et nos
» faiblesses, pour essayer d'y porter remède
» s'il est possible. Nous avons trop longtemps
» mérité le reproche de vantardisme natio-
» nal; trop longtemps nous nous sommes
» complu à nous admirer nous-mêmes... Le

» moment est venu de porter sur nous un
» regard sévère...... et s'il est vrai que la
» nation française descende peu à peu cette
» pente fatale de la décadence sur laquelle
» ont roulé, pour tomber dans l'abime, la
» Pologne dans les temps modernes, l'em-
» pire romain dans l'antiquité, il faut le pro-
» clamer bien haut, il faut dire à la nation :
» *prends garde!* il faut dire à ses chefs, à
» ses maitres : *cavete consules!* (1) »

Ces réflexions suivent l'examen du mémoire d'un laborieux médecin statisticien,
le docteur Lagneau, sur le *dénombrement
de la France en* 1872.

Il résulte de ce travail que la population
française, comparée à celle des nations voi-
sines, « diminue dans une proportion vrai-
» ment alarmante...... Si cette diminution
» persiste, dans un demi-siècle la population
» française sera sensiblement réduite, et ne
» pourra plus réunir que des armées très-
» inférieures à celles de ses voisins. Et
» comme la diminution d'une population
» entraine la diminution des richesses publi-

(1) *Année scientifique et industrielle* (1873), page 351.

» ques, les forces vives de la France s'étein-
» dront peu à peu : notre nation périra de
» faiblesse (1). »

Indépendamment de la perte d'environ
1,600 000 Alsaciens-Lorrains notre territoire
a perdu de 1866 à 1872 à peu près 367,000
habitants ce qui constitue une diminution
annuelle de 16 pour 10,000 habitants et l'accroissement qui avait eu lieu avant 1866 est
tellement minime, comparé aux accroisse-
ments réguliers des populations de l'Europe,
qu'il peut être considéré comme nul.

En cherchant les causes de cette faible
natalité le docteur Lagneau trouve que la
principale résulte d'un sentiment de prévoyance des parents qui redoutent les enfants à l'égal d'un malheur...... Cette prévoyance « est désastreuse pour le bien-être
» des populations considérées dans leur en-
» semble et dans leur développement à ve-
» nir... C'est la plaie la plus cruelle, la plus
» dangereuse de la France. »

(1) Il est facile de constater que dans certain village du
canton de Lamarche, la population ayant diminué de 1/5
depuis 20 ans, les terres ont perdu plus de moitié de leur
valeur, dans le même espace de temps.

Avant nos récents désastres, il a fallu 183 ans pour doubler la population en France, tandis que ce doublement a lieu dans une cinquantaine d'années, en Prusse (42 ans), en Angleterre (55), en Russie (60 environ). Par suite de la généralisation du service militaire dans toute l'Europe, ces puissances auraient donc doublé leurs armées tandis que la France, en supposant même qu'elle reprenne sa faible augmentation de population, disparue pendant ces dernières années, ne pourrait fournir qu'une armée d'un quart supérieure à celle d'aujourd'hui.

Comme remède à cette situation déplorable, M. Lagneau propose de rassurer « ce » sentiment de prévoyance paternelle, en » cherchant à multiplier les carrières, mé- » tiers, professions, qui par le travail four- » nissent largement les moyens d'exister et » permettent aux célibataires de se marier » promptement et aux mariés de ne pas re- » douter une nombreuse progéniture. »

L'Angleterre peut, en ce sens, être prise pour modèle à cause des nombreuses carrières, des débouchés que donne chez elle l'énorme développement du commerce, de l'agriculture, des relations maritimes et coloniales. En un mot, le travail est ici, comme en presque tout, le véritable réparateur et c'est encore le travail agricole qui, en France, nous offre les plus précieuses ressources.

On pourrait, à propos de la dépopulation dans notre pays, rappeler aussi un mémoire récent sur la distribution de la population française selon la *mortalité, la salubrité,* etc., dont le *Bulletin de l'Académie de médecine* donne le résumé. L'auteur, le docteur Bertillon, montre que la mortalité est fort inégalement répartie dans nos départements et que des causes accidentelles susceptibles d'être modifiées aggravent beaucoup ce lourd tribut.

Il ajoute que la statistique des causes de décès dont l'Académie, consultée par le ministre, a déclaré l'utilité, mais qu'on n'a pas exécutée, pourrait aider à atténuer ces causes.

Si, par exemple, des mesures hygiéniques ramenaient à une moyenne générale la mortalité des 20 départements qui, à cet égard, paient les plus gros tributs (double ou triple), 50,000 jeunes existences indûment enlevées à la France pourraient être conservées.

M. Bertillon établit encore que la mortalité des nouveau-nés est plus grande à la campagne et que les enfants ne profitent de l'habitat rural qu'après le 5e ou 6e mois, ce qui indiquerait, ajoutons-le, de l'insouciance ou de l'ignorance pour les soins à donner dans le premier âge.

Enfin, après avoir examiné, au point de vue de la criminalité, des suicides, etc., l'influence préservatrice et heureuse des enfants dans le mariage, chez les veufs, chez les veuves, etc., l'auteur conclut en disant qu'il existe une physiologie du corps social : la natalité, la matrimonialité, la mortalité...

» qu'il y a là une science d'une très-haute
» portée que la France a d'autant plus d'in-
» térêt à développer que plus que jamais il
» faut qu'elle se surveille, se connaisse elle-
» même, qu'elle conserve tous ceux de ses
» enfants qu'elle peut conserver (1) ».

(1) *Année scientifique et industrielle*, par L. Figuier (1873), page 557.

L'amour de la patrie, que toutes ces réflexions rappellent est un dérivé de l'amour du prochain. Leur action n'est pas indifférente sur la santé. Le docteur Descieux dit :

« L'amour du prochain, qui produit les bonnes relations entre voisins et amis, porte à se secourir mutuellement dans la peine, à s'aider dans les travaux, à s'assister par des conseils et des consolations dans la douleur, ne serait-ce que par une bonne parole ou un serrement de main affectueux. Ainsi tous peuvent exercer la bienfaisance et la charité.

» Par l'action de cette vertu, l'âme émue d'une manière si douce et si bienfaisante se dilate ; le corps en reçoit une heureuse et utile influence. En voulez-vous un exemple ? Regardez les personnes connues par leur charité, les qualités de leur âme se peignent sur leur physionomie qui exprime le calme, la sérénité, la douce satisfaction : voilà le prix du contact des bonnes œuvres... C'est le même sentiment qui est exalté par certains politiques sous le nom de fraternité. Il est regrettable que ce nom si beau, si digne d'être populaire,

» qui nous vient du Christ, ait été indigne-
» ment exploité... Développez en vous la
» fraternité, mais qu'elle soit noble et vraie,
» sans arrière-pensée de révolutions socia-
» les, le bonheur de tous y est intéressé (1) ».

Chacun sait quels actes héroïques peut faire naître l'amour de la patrie et « quelle flétrissure s'attache au nom des traîtres. »

Qui pourrait méconnaître en ce moment les devoirs que nous avons à remplir envers notre patrie malheureuse ?... A la dernière distribution des prix du lycée Saint-Louis à Paris, ces devoirs ont été rappelés en quelques nobles et éloquentes paroles qui conviennent et seront appréciées aussi, nous n'en doutons pas, dans les campagnes :

« Le temps où nous vivons, les circons-
» tances au milieu desquelles vous allez en-
» trer dans notre existence nationale ren-
» dent plus indispensable encore que dans
» le passé une éducation austère et labo-
» rieuse de la jeunesse française. De grands
» malheurs se sont abattus sur notre patrie.

(1) *Entretiens sur l'hygiène à l'usage des campa-gnes*, page 175.

» Elle qui semblait comme la reine des na-
» tions et au front de laquelle rayonnait la
» triple couronne de la gloire militaire, des
» arts, de la paix et de la richesse publique
» a été brusquement atteinte dans tous ces
» biens qu'elle avait reçus comme un patri-
» moine et dont elle n'avait jamais redouté
» la perte....... Cet écroulement de notre
» grandeur nationale qui s'est accompli si
» vite, qui a étonné et comme consterné le
» monde, est-il le commencement d'une de
» ces décadences irrémédiables dans les-
» quelles tombent et disparaissent les peu-
» ples qui ont tour à tour conquis, enseigné,
» charmé et ébloui l'univers ? N'est-il au
» contraire qu'une de ces épreuves par les-
» quelles Dieu corrige, purifie, redresse et
» relève les nations dont l'œuvre n'est pas
» achevée, mais que l'habitude des longues
» prospérités amollissait et détournait de
» leur mission historique ? Cette question
» redoutable, tous ceux qui ont fait de la
» patrie l'idole de leur âme l'envisagent de-
» puis quatre années dans une inquiétude
» mortelle.

» C'est vous, mes chers camarades, qui la

» résoudrez ; et, en vous regardant, je ne
» puis pas ne point concevoir la ferme espé-
» rance que vous serez à la hauteur de la
» tâche (1)... »

Un général, qui est en même temps membre de l'Académie française, adressait der-
nièrement aussi aux élèves du lycée de Besançon de virils avertissements dans une
circonstance semblable :

« Cette double loi du travail et du devoir,
» nous lui sommes tous soumis. Vous en
» faites l'apprentissage sur les bancs du
» lycée ; vous la mettrez en pratique lors-
» que vous passerez dans les rangs de l'ar-
» mée. On a quelquefois appelé le service
» militaire « l'impôt du sang. » C'est une
» belle expression ; ce n'est pas une idée
» juste. A prendre ces mots au pied de la
» lettre, on ferait du déserteur un banque-
» routier.

» Non ! ce n'est pas une dette que vous
» paierez quand vous quitterez vos classes
» pour mettre le fusil à l'épaule ou pour
» enfourcher le cheval de guerre. C'est le

(1) Discours de M. Léon Renault, préfet de police.

» premier, le plus saint des devoirs que
» vous remplirez, le devoir de défendre la
» patrie, cette France qu'il faut aimer d'au-
» tant plus qu'elle a hélas! plus souffert!
» et c'est l'école de l'honneur que vous trou-
» verez au régiment (1). »

Enfin, résumant quelques intéressantes
leçons sur le rôle de la science dans les
incendies modernes, M. Chautard, doyen
de la Faculté des Sciences de Nancy, examine
à la fin de son travail les moyens d'éviter les
catastrophes, les incendies et les ruines qui
ont désolé notre patrie ; il ne les voit que
dans l'ordre moral et dit que la France, par
sa civilisation avancée, le courage de ses
enfants, la richesse de son sol, etc., peut
encore redevenir la *grande nation*, « mais
» à une condition, c'est qu'ensemble, et
» sans perdre une minute, par tous les
» moyens possibles, nous combattrons les
» doctrines malsaines, les publications anti-
» sociales, que nous prêcherons d'exemple,
» que nous resterons unis dans l'amour de
» notre pays et de nos devoirs et qu'enfin

(1) Discours du général de division, duc d'Aumale.

» chacun, après s'être religieusement in-
» terrogé, prendra la résolution de se com-
» battre et de se perfectionner (1). »

Puis le judicieux autant qu'érudit professeur termine avec à-propos ses réflexions
sur les *incendies*, par ces mots : « Quand
» une maison brûle, tous les habitants
» crient : *au feu !* sans qu'on se reproche
» de faire écho aux autres et à soi-même ;
» c'est ainsi qu'il est possible de conjurer
» l'incendie. Eh bien, ce qui est nécessaire
» dans l'ordre matériel, se présente avec une
» irrésistible urgence dans l'ordre moral et
» revêt, à l'heure qu'il est pour tout fran-
» çais, l'autorité d'un devoir. »

Revenons, en dernier lieu, à l'examen des
conditions morales nécessaires à l'équilibre
de notre santé :

Le sens moral qui nous porte à conserver
notre dignité n'est pas indifférent ici, car si
une déviation de cette dignité, la vanité,
nous livre à tous les vices et peuple les
maisons d'aliénés, d'autre part « l'absence
» de l'amour-propre conduit à l'insouciance,

(1) *Les incendies modernes*, page 101.

» à la faiblesse morale qui se manifestent
» par des paroles puériles ou ridicules, par
» des distractions honteuses , par la dé-
» bauche et l'ivrognerie. Ces désordres se
» reflètent sur l'extérieur de l'homme ; il en
» porte l'empreinte sur ses vêtements sales,
» déchirés ; ayant perdu le sentiment de sa
» dignité personnelle, il ne tient nul compte
» de l'estime publique qu'il méprise , et
» comme il n'a pas plus de frein qui le re-
» tienne sur la pente du mal, il arrive ainsi
» au dernier échelon de la dégradation.
» Vivre dans un milieu pareil, c'est courir
» toutes les chances d'une mauvaise santé(1). »

L'autorité du docteur Descieux, que nous
avons invoquée plusieurs fois, nous donnera
encore rapidement, pour terminer notre
entretien, les rapports qui unissent l'hygiène
au sens religieux ; ce professeur d'hygiène
dit avec justesse : « Le sens moral religieux
» modère et dirige les autres sens moraux ;
» il tend à les maintenir dans des limites
» convenables ; quand il arrive, et cela a

(1) *Entretiens familiers sur l'hygiène*, pages 180
et 181.

» trop souvent lieu, que les sens moraux
» qui président aux besoins du corps s'éga-
» rent, que les passions nous entraînent
» dans une mauvaise voie, le sens reli-
» gieux, dans ces moments de révolution
» des autres sens, peut seul dominer, s'il
» est écouté. La religion fournit le moyen
» de prévenir les égarements.

» L'Eglise apprend que celui qui n'obéit
» pas à ses préceptes sera puni, tandis que
» celui qui les observe sera récompensé.
» Quant à moi, comme hygiéniste, je puis
» dire que celui qui suivra les préceptes de
» l'Eglise aura plus de chances de conserver
» sa santé parce qu'il ne fera aucun excès et
» réprimera les passions qui la compromet-
» tent toujours (1). »

Quoique pourvus, nos condisciples et
nous, à 18 ou 20 ans, d'un certain bagage
littéraire et scientifique, nous ignorions
alors, en hygiène notamment, bien des notions pratiques qui nous auraient été fort
utiles dans la vie.

(1) *Entretiens familiers sur l'hygiène*, pages 180
et 181.

M. le ministre de l'instruction publique a cherché récemment à combler cette lacune en prescrivant l'enseignement de l'hygiène dans les lycées et les colléges.

Suivant son désir, et, ainsi que le prouve le nouveau programme d'instruction, les écoles du soir, dans nos campagnes, ne doivent pas non plus être privées de cet enseignement.

Aussi nous serions heureux, mes amis, d'avoir réuni quelques éléments de la vérité scientifique, avec leurs applications hygiéniques, principalement au profit de la continuation de votre vigoureuse santé et nous souhaitons que les circonstances sérieuses dans lesquelles nous nous trouvons puissent vous décider à les regarder comme bien venus.

Lamarche, le 30 janvier 1875.

Nancy, imp. de Vagner.

9 782014 020830